新雅‧知識館

開啟哲學之門

—— 孩子要認識的哲學思想
Philosophy for Kids

竹田青嗣 著

新雅文化事業有限公司
www.sunya.com.hk

目 錄

意大利藝術家拉斐爾筆下的《雅典學院》。畫中人包括了多位著名的哲學家。在畫面中央的兩個人，以手指指天的是柏拉圖

（→P.20），把手伸向前的是亞里士多德（→P.22）。畫中還有哪些哲學家呢？試試查找資料吧。

如何閱讀這本書？

⭐ **哲學究竟是什麼**

認識哲學家前，先思考一下「哲學」是什麼。

⭐ **影響世界的哲學家**

從泰勒斯到維根斯坦，介紹共二十二位哲學家。

思考建議

哲學家檔案

解讀名言

哲學家名言

希臘神話中，貓頭鷹是智慧女神雅典娜的使者。因此，貓頭鷹象徵了「人類的智慧」與「哲學」。現在就跟着我向哲學世界出發吧！

查閱本書的方法

🔑 **查找哲學家**
使用目錄（P.2-3）

🔑 **查找著作**
使用列表（P.60）

🔑 **查找關鍵字**
使用索引（P.62-63）

怎樣使用這本書？

學習思考方法
幫助你學習數理、通識等學科。

紓解煩悶心情
讓哲學家的名言為你開拓視野。

小組討論
參考書中的「思考建議」進行討論。

哲學究竟是什麼

哲學的定義

 什麼是哲學？

　　關於什麼是哲學，每個人都有各自的答案，但其中最重要的一點是，哲學是從零開始，找出深入體察事物的思考方法。

　　無論是世界上哪一種文明，哲學都是由提出世界為了什麼而存在、人為了什麼而生存、人死後的世界會怎樣等疑問而衍生出來的。這些問題是每個人到了人生某一個年齡段時，都希望得到確實答案的重要提問。

　　可是，應該怎樣追求這些問題的答案已是個難題。古今優秀的哲學家卻從沒有放棄解決這些難題，經過漫長的時間，哲學家已提出不少追尋問題根本的思考方法。

　　現在就讓我們打開由無數哲學家築成的「哲學世界」之門吧。

 哲學與宗教

　　哲學與宗教同樣是思考世界與人類的存在意義，可是兩者的思考方法大不相同，例如基督教認為「很久很久以前，神創造天地，後造人類」，而古希臘哲學家泰勒斯卻提出「萬物的本源是水」（→P.16）。到底這兩種說法在本質上有什麼不同呢？

　　事實上，宗教是以故事來說明世界的起源，而不同宗教的世界起源故事也各有不同。因此，各宗教在有關世界起源這個題目上始終存在分歧。另一方面，哲學是用人類理性的邏輯思維來說明世界的起源。因此，即使文化與宗教背景不同，各人都可以分享相同的哲學思考方法。

哲學的三種歸類

存在之謎

　　哲學在很久以前已經有三大謎團，分別是「存在之謎」、「認識之謎」及「語言之謎」。哲學家在思考世界與人生的意義時，這些謎團總是不可思議地出現。所有優秀的哲學家都會挑戰，並嘗試解開這些謎團。

　　例如，世界為什麼存在？我為什麼存在？我為什麼是我，而不是其他人？這些問題就是「存在之謎」，也是各種抽象問題中最根本的問題，但是沒有一個答案能清楚解釋這個謎團。

　有關「存在之謎」，請參閱泰勒斯（→P.16）、柏拉圖（→P.20）及海德格（→P.56）的頁面；「認識之謎」請參閱休謨

 認識之謎和語言之謎

　　即使哲學家一直努力地思考「存在之謎」，也依然沒法給出一個決定性的答案，而且還衍生出越來越多的疑惑：我們能夠正確認識世界嗎？如果能夠做到，又是用怎樣的方法呢？這就是所謂的「認識之謎」。

　　在「認識之謎」以外，還有「語言之謎」。語言是認識事物的最重要工具，而且語言能否正確地傳遞信息，是一個會影響社會運作的重要問題。

　　因此，所有哲學家都將這個深奧的謎團當作拼圖，一塊一塊地挑戰，一步一步深入地思考什麼是人類、社會、善惡與人生的意義。

（→P.38）、康德（→P.42）及胡塞爾（→P.54）的頁面；「語言之謎」請參閱維根斯坦（→P.58）的頁面。

西方與近代哲學

　　古代哲學在公元前六世紀時已經出現，當時西方的希臘與東方的印度文明特別興盛，兩地的人都根據自身的文化與信仰來思考世界與人類的存在意義。不過，西方哲學與東方哲學在思考方法上有什麼不同呢？

　　東西方哲學其中一個不同的地方是，歐洲經過工業革命後，開始踏入近代社會的階段，並發展出一套近代社會的哲學。

　　近代社會不再是由教會或皇帝支配人民的生活方式，而是發展成每個人都享有自由生活權利的民主主義*社會。因此，西方的近代哲學是世界上第一次談及人性的自由、個人與社會關係的思考方法，這些對我們每個人來說都是重要的課題。

*民主主義：人民擁有參與國家政治的權利，是一種尊重個人自由與追求社會平等的思想。

　　思考西方的近代哲學時需要注意一件事。一直以來，不少歐洲人都相信基督教已經為世界與人類的存在理由給予了所有的答案。

　　無論是人類也好，世界也好，都是神的造物*，神賦予了人類生存的意義。可是十七世紀的近代哲學家徹底顛覆了這樣的基督教世界觀，開創出全新的思考方法。

　　當時，支撐新世界觀的後盾是近代自然科學的理性*思考方法。前文已說過關於世界起源的故事會隨着信仰不同而有所分別，可是在自然科學與哲學世界裏是能夠跨越文化差異，締造出大家都能夠以理性角度理解人類與世界存在的思考方法。

*神的造物：神創造的事物。
*理性：運用理智分析事情。

哲學問題

兩大智慧

　　雖說從古代開始，哲學便有三大謎團，可是哲學家的目的不是解開謎團，而是通過謎團去思考對人類與社會而言都非常重要的課題。

　　宏觀一點來說，哲學有兩大題目。首先，人類建立社會並在當中生活，人與人共處時就容易產生摩擦與衝突。因此，各人需要運用智慧令大家和平共處，這就是第一個題目。接着，每一個人為了改善生活而做的事，就是第二個題目。

　　第一個題目是關於社會的智慧，而第二個題目則是人類的生活智慧，它們同樣需要人們作出深入思考，因而推動了哲學的發展。

你覺得自己最像本跨頁插畫中的哪個人呢？不同人有不同的個性和思考方法，因而衍生出各式各樣的哲學思想。

「自由」、「正義」、「自我」是什麼？

在以前的社會，人民的生活方式主要由教會或皇帝決定，可是在近代社會中，幾乎每個人都能夠決定自己的人生，這就是思考「自由」的重要性。那麼對自己來說，「好的事情」是指什麼？到底是誰決定了什麼是「正確」與「正義」呢？於是，人們開始思考「自我」是什麼。

雖然這些問題沒有一個讓所有人都接納的標準答案，可是，哲學家各自以自己的思考方法處理這些問題，希望找到更理想的解答。

哲學有什麼用處？

哲學與科學的不同之處，在於哲學無法給予明確的答案，因此有人認為哲學對人類的生活沒有什麼幫助。但事實上，這是很大的誤解。

正如前文所說，以前的社會幾乎是由教會或皇帝全權支配，人民是沒有自由和權利的。可是近代社會在民主主義下，各人均享有自由的權利，而設計出這個民主主義社會基本藍圖的，就是近代哲學家。由此可見，哲學的智慧對於社會發展是有大力推動的作用。

還有，相信每個人都試過與他人意見不合而感覺不良好吧？這時候，一般人都抱有兩種態度，一種是把自己的想法強加諸對方身上，抱着打敗對方的態度；另一種則是思考為什麼會出現意見不合，並從不同的意見中找出可行的新方法。若希望把事情引導向更好的方向發展，便知道第一種態度對事情是沒有幫助的。

哲學總是以雙向思考的方法來發掘同一事情上的好與壞，所以比其他思考方法來得更深入，更能夠理解事情的根本及找到新發現。

影響世界的哲學家

泰勒斯＊

蘇格拉底＊柏拉圖＊亞里士多德＊孔子＊奧古斯丁

＊霍布斯＊笛卡兒＊帕斯卡＊史賓諾沙＊洛克＊休謨＊盧梭＊康德

＊黑格爾＊叔本華＊齊克果＊馬克思＊尼采＊胡塞爾＊海德格＊維根斯坦＊泰

勒斯＊蘇格拉底＊柏拉圖＊亞里士多德＊孔子＊奧古斯丁＊霍布斯＊笛卡兒＊帕斯卡＊

史賓諾沙＊洛克＊休謨＊盧梭＊康　　　　　　　　德＊黑格爾＊叔本華＊齊克果＊馬

克思＊尼采＊胡塞爾＊海德格　　　　　　　　　　維根斯坦＊泰勒斯＊蘇格拉

底＊柏拉圖＊亞里士多德＊孔　　　　　　　　　　　子＊奧古斯丁＊霍布斯＊笛卡

兒＊帕斯卡＊史賓諾沙＊洛　　　　　　　　　　　　克＊休謨＊盧梭＊康德＊黑

格爾＊叔本華＊齊克果＊馬　　　　　　　　　　　克思＊尼采＊胡塞爾＊海德

格＊維根斯坦＊泰勒斯＊　　　　　　　　　　　　蘇格拉底＊柏拉圖＊亞里士

多德＊孔子＊奧古斯　　　　　　　　　　　　　丁＊霍布斯＊笛卡兒＊帕斯卡

＊史賓諾　　　　　　　　　　　　　　　　　沙＊洛克＊休謨＊盧梭＊康德

＊黑格爾＊叔本華＊齊克果＊馬

克思＊尼采＊胡塞爾＊海德格＊維

根斯坦＊泰勒斯＊蘇格拉底＊柏拉

圖＊亞里士多德＊孔子＊奧古斯丁

＊霍布斯＊笛卡兒＊帕斯卡＊史賓

諾沙＊洛克＊休謨＊盧梭＊康德

＊黑格爾＊叔本華＊齊克果＊

馬克思＊尼采＊胡塞爾＊海

德格＊維根斯坦＊泰勒斯＊

蘇格拉底＊柏拉圖＊亞里

士多德＊孔子＊奧古斯丁

＊霍布斯＊笛卡兒＊帕

斯卡＊史賓諾沙＊

洛克＊休謨＊盧

梭＊康德＊黑格爾＊叔本

華＊齊克果＊馬克思＊尼采

胡塞爾＊海德格＊維根斯坦＊

泰勒斯

泰勒斯說過「萬物的本源是水」。他是第一個提出並思考「什麼是萬物本源」這種哲學問題的人，因此被稱為「哲學史上第一人」。可是，為什麼萬物的「本源」是水會成為哲學的開端呢？

在哲學出現之前，不同信仰對於世界的起源均有不同的看法，而其中最主要的答案便是「神」。可是，由於文化與信仰不同，導致人們經常發生紛爭。這時，泰勒斯的學說就為人們帶來了新的思考方法。

以現在的文字表達「萬物的本源是水」這句話，就是指構成水的元素是最微小的原子，當微小的原子聚合後就能造出世界上任何的事物。因此，「萬物的本源是水」就成為了哲學上關於「存在之謎」的第一個答案。

與利用故事來說明世界起源的信仰不同，泰勒斯提出「萬物的本源是水」，開創了以科學角度為出發點的思考方法。

泰勒斯 Thales
（公元前 624 年～公元前 546 年）
生活於古希臘繁榮的港口城市米利都（現今的米利），是古希臘七賢之一。擅長天文學、幾何學及航海術，曾預言過日蝕，被稱為「科學和哲學之祖」。

數學成就
泰勒斯指出以圓形的直徑作為三角形的斜邊，只要三角形對角的頂點是在圓周上，該角必定是90度直角，這就是著名的「泰勒斯定理」。

頂點
90°
直徑

誰是古希臘七賢？
雖然沒有一致的定論，但多指泰勒斯、梭倫、佩里安德、畢阿斯、庇塔庫斯、克萊俄布盧及契羅七人。

萬物的本源是水

誰創造了世界？至今沒有人能夠找到答案。所以，泰勒斯主張世界是由水這種單純的元素聚合而成的説法是可以成立的。

我認為，沒有東西比害怕死亡更沒有智慧。

《申辯篇》

蘇格拉底認為因為害怕死亡而對現世的事情妥協，會令人的靈魂被玷污。這與蘇格拉底所說的「無知之知」有關。

阿波羅神殿在哪裏？
阿波羅神殿位於現今希臘的德爾菲。在古代，由神殿內的女祭司所傳達的神諭對古希臘人，以至整個城邦政治都有很大的影響力。

靈魂

什麼是「辯證法」？
當有人問你「什麼是幸福」時，你會怎樣回答？可能你會回答是愛、財富、健康等。但如果別人問「財富是你的幸福嗎」，你又會怎樣回答？蘇格拉底從不同方面向別人詢問同一個問題，引導其他人「覺醒」，這就是辯證法。

關心自己的靈魂
蘇格拉底

　　蘇格拉底向路過雅典阿哥拉市集的青年搭訕問「你認為美的本質是什麼」等問題，開始了推廣哲學的理念。

　　話說，蘇格拉底得到阿波羅神殿的神諭，指「世上沒有比蘇格拉底更有智慧的人」，但蘇格拉底對這道神諭感到十分困惑。他與享譽雅典的智者交談時說：「世界上未知的事物如山一樣多，我自知無知，因此我肯定自己沒有比別人更有智慧。」這就是著名的蘇格拉底悖論*「無知之知」（我只知道一件事，就是我什麼都不知道）。

　　蘇格拉底又勸勉青年們重視自己的「靈魂」價值所在，不論得失，想想怎樣做才能成為更美好更寬宏的人。可是，他的言論被雅典人誤解而被裁定犯上讓青年墮落的罪，更被判處死刑。蘇格拉底貫徹自己的信念，服下毒液，結束了自己的人生。

靈魂

蘇格拉底 Socrates
（公元前 469 年～公元前 399 年）

出生於古希臘城邦的雅典人，父親為雕刻家（石工）。曾以戰士身分參與雅典與巴斯達的戰爭。他以優秀的辯論技巧成功吸引了很多雅典的青年。

*悖論：自相矛盾的語句。

什麼是學園？

學園就是我們現在所說的學校。在古時候只有富裕的人才能夠上學，學習不同的科目。事實上，學園的古希臘語是「scholé」，即是「閒暇」的意思。

柏拉圖學園是個怎樣的地方？

柏拉圖學園是一個有九百多年歷史的學園，由老師教授天文學、生物學、數學、政治學、哲學等學科，當中特別重視幾何學*。學園入口處設有「不懂幾何者不得內進」的告示牌。

*幾何學：數學的一個分支。

所有「理念」都有影子

柏拉圖

柏拉圖 Plato

（公元前 427 年～公元前 347 年）

古希臘最重要的哲學家之一，雅典名門的貴族子弟。最初目標是成為政治家，但受到蘇格拉底被審判的刺激後而立志成為哲學家。擁有眾多學生，並開設了柏拉圖學園。

柏拉圖建立了追求什麼是人類的「善」與「美」的哲學「理念」。

柏拉圖的「理念論」是一門艱深的課題。可以這樣說，世界上所有事物都有它們的「理念」（本體）。例如，桌子有三種，分別為理念的桌子、可見的桌子和畫家所畫的桌子。在這三種桌子之中，只有作為理念的桌子才是桌子的本體，其他的

沒有事情值得人去探索。《斐多篇》

在柏拉圖出現之前，哲學家主要討論什麼是世界的最基本單位（世界的起源），可是柏拉圖主張應該追求什麼是至善，這改變了哲學的方向。

都只是人們根據理念塑造出來的影子，並存在於這個世界上。

這究竟要說明什麼呢？哲學的說法是，一件物件必有其不可或缺的重要原因（可稱為根據）而存在於這個世界上，這個不可或缺的原因就是理念。例如，如果世界上有神的存在，神可以說是世界的理念。在柏拉圖的理念論中，最重要的是「善的理念」，它是所有理念的「國王」。

我們一直抱着很多疑問生活，很想發問很多事情，我們「發問」的本源便是心裏渴求「至善的生活」。所有的哲學都是由「什麼是善」的發問開始，這便是柏拉圖想說的事情。

亞里士多德

柏拉圖與亞里士多德都是古希臘時期的大哲學家，柏拉圖是西方哲學的奠基者，而他的學生亞里士多德則被認為是奠定西方學問基礎的人。

柏拉圖的思想是有關「真善美」的人類價值哲學，經常以文學手法表達他的思

所有人與生俱來都有求知慾 《形上學》

只要是人類，無論是誰都本能地想正確認識自己與世界。這句話很符合建立各種學問基礎的亞里士多德的風格。

為什麼創辦呂刻俄斯學園？
亞里士多德曾經想成為柏拉圖學園的首席教師，可是他與學園新任的領導人意見不合，於是自己創辦了呂刻俄斯（Lyceum）學園。法國的「高等學校」（即香港的高中程度）名稱（法文：Lycée）也是由此而來。

想內容。他的學生亞里士多德則是講求理性與知性的人，會將老師柏拉圖的想法轉換成大家都能理解的「學問」。例如，柏拉圖說一切的根本是「善的理念」，可是這是比喻的說法，亞里士多德便將這說成是生存的「目的」，令人更容易明白。

雖然每個人的生存目的各有不同，可是最重要的目的還是要獲得「幸福」。那麼，怎樣的生活方式才是最幸福的呢？就是不走極端、培養良好的興趣、豐富文化修養⋯⋯亞里士多德就這樣將「善的理念」的思想轉換成容易被理解的意思。

亞里士多德 Aristotle

（公元前 384 年～公元前 322 年）

出生於古希臘的斯塔基拉（位於今希臘哈爾基季基州），父親是馬其頓王的醫生。亞里士多德在十七歲時進入柏拉圖建立的柏拉圖學園學習，並慢慢建立起自己的哲學體系。晚年時，創辦了呂刻俄斯學園。

孔子

孔子能夠在歷史上留名，除了因為他當時在中國各地均十分活躍，積極向各國的統治者講解自己的政治主張外，他的再傳學生孟子、朱子等都努力發揚孔子的儒家學說，使它廣為人知。

儒家的中心思想是「仁」與「禮」。「仁」是對任何人都給予尊重，對人懷有慈愛的心；而「禮」則是遵守生活上的規則與禮儀。

孔子的學說思想與西方的蘇格拉底的哲學思想及基督教的教義在某些地方很相似，就是怎樣做才能使大家和平地生活，即是傾向注意維持社會秩序。可是，孔子、蘇格拉底與基督教都認為人有「私心」，所以一切問題的根源都是出於人的內在與靈魂。

孔子一生追求的是，怎樣生活才能常抱重視他人感受之心、怎樣生活才能夠戰勝誘惑，一直行善等大智慧。他的思想是從人的內在心性出發。

孔子
（公元前 551 年～公元前 479 年）

中國春秋時期的魯國（今山東省）人。雖然父親是下級武士，但孔子仍立志求學問。追隨孔子學習的學生眾多，最得意的學生有七十二人。他首倡有教無類及因材施教，被後人尊為「萬世師表」。

儒家的哲學思想

儒家不同於西方或印度的哲學發展，以不談論鬼神作前提，再思考人生與生死，因而發展出另一套哲學思想。可是，在探求人類與世界的知識上，儒家並沒有脫離哲學的本質。

教授道德

你可能聽過「非禮勿視，非禮勿聽，非禮勿言，非禮勿動。」原來這句話是出自儒家的經典著作《論語》，它成書至今已有二千五百多年歷史，書中還有很多大家耳熟能詳的名句呢。

朝聞道，夕死可矣。

《論語》

只要能聽到聖賢之道，即使馬上死了也沒有遺憾。這就是孔子認為人們需要追求的正確生活道路，也是孔子學説的中心思想。

奧古斯丁

奧古斯丁從自己年輕時貪戀世俗的經驗中，發現內心的善惡對立，從而深入思考有關罪的問題。為什麼人類會行惡？為什麼人類的意志力如此薄弱？

《懺悔錄》記載了奧古斯丁自己歸信基督教的經歷。奧古斯丁原本是個有很多煩惱的人，但他後來完全切斷世俗的慾望，變成了人人尊敬的教會聖師。事實

上，每個人都曾想過變成自己心目中最理想的人，但現實經常把善良的意志奪走，《懺悔錄》便提示我們在這種時候應該怎麼辦。

奧古斯丁認為人類的本性傾向行惡，所以我們需要選擇正確的道路，才能獲得真正的快樂。此外，他又認為人類自己沒有能力克服誘惑，只有切實地敬愛神及寬恕別人才能夠重獲善良的意志。

奧古斯丁 Aurelius Augustinus

（354 年～ 430 年）

出生於北非的小城市，年輕時過着放蕩不羈的生活，悔改後成為了希波（今阿爾及利亞的城市安納巴）的主教。他為基督教的精神指導作出重大的貢獻，因而被封為聖人。

腐敗，讓生活變得墮落，並走向罪惡的深淵。

做了不該做的事而高興。這種快樂，源自不應該的尋樂。這種肉體上的快樂，究竟是為了什麼？ 《懺悔錄》

在奧古斯丁切斷充滿慾望的思想，走向正確道路的途中是痛苦的。他用文字記下了自己的經驗，並傳揚開去。

「現在」的我已是所有

奧古斯丁是這樣思考時間的。過去是已經逝去的東西，未來還沒來臨，只有處於現在的自己能懷念過去與思考未來。所以，時間不是從過去向未來流逝，而是以「現在」作起點，才存在過去與未來，這就是奧古斯丁的「時間論」。

「悔改」是什麼意思？

基督教等宗教對於承認各種罪惡並加以改正，重拾正確的信仰之心稱為「悔改」。一天，奧古斯丁彷彿聽到上天的聲音跟他說：「拿起來讀吧！」於是他便開始閱讀《聖經》，後來更成為基督徒。

為什麼會發生戰爭？

霍布斯

霍布斯 Thomas Hobbes
（1588 年～ 1679 年）

出生於英國南部的馬姆斯伯里。當時的英國在經歷「三十年戰爭」這場宗教鬥爭後，人民生活困苦，促使霍布斯思考戰爭的意義。他與許多英國貴族接觸後，對政治產生了興趣，寫成了《利維坦》，對後世有深遠的影響。

所有人對

什麼是三十年戰爭？
在1618年至1648年期間，因天主教與新教發生衝突而爆發持續長達三十年的宗教戰爭，以德國為中心，席捲歐洲各國。戰後的德國十分荒涼，但也成為邁向現代化的契機。

作為著名的近代哲學家，霍布斯有一項重大的成就，就是對為什麼會發生戰爭、怎樣做才能停止戰爭等問題，從頭開始進行徹底思考，並得出了一個最根本的答案（可稱為法則）。

為什麼會發生戰爭呢？是因為邪惡的王與權力者的慾望？霍布斯認為最大的原因，是人與人相處時互相感到不安，因為

所有人的戰爭

《利維坦》

這是霍布斯的名言，意思是人類如果不訂立社會契約，基於雙方的不安，便只有持續地戰爭。這是他透過人類歷史所得出的最根本法則。

海中怪物「利維坦」
霍布斯的名著《利維坦》取名自舊約《聖經》中的海中怪物。霍布斯將國家這樣大型權力的存在比喻為怪物。

不想被殺，所以先下手為強，這才是戰爭的根本原因。根據這個原因，霍布斯開始思考怎樣做才可以停止戰爭。首先，他認為所有人都要合力創造一個強大的權力，然後訂定明確的制度。如果有人打破制度，就必須依照制度的規定處罪。除此之外，他認為沒有任何辦法能避免戰爭——事實也是如此。

若大家不合力制定完善的制度，是沒法阻止戰爭發生的。霍布斯看出的這個「法則」，現在已植根在我們的社會，成為我們根本的思考方法。

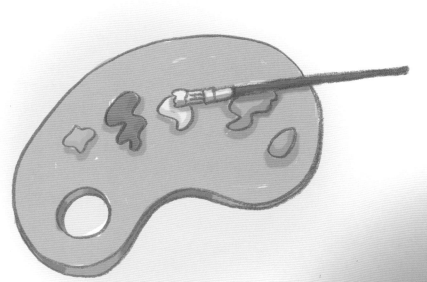

我思

故我在 《談談方法》

找出大家都接納的思考出發點，就是哲學最重要的地方。這是近代哲學之父笛卡兒堅持的信念。

哪一條橫線較長？

雖然上下兩條橫線長度一樣，可是上面的橫線看起來較長。其實只要是人類，都必然有着這樣的認知與錯覺。所以，笛卡兒認為質疑自己的感覺是很重要的。

笛卡兒的咒語

你知道「cogito ergo sum」是什麼意思嗎？其實這是拉丁語的「我思故我在」，試試跟着原文讀一讀，聽起來就像在唸咒語呢。

近代哲學的思考出發點

笛卡兒

聽過「我思故我在」的人很多，可是知道當中意思的人卻意外地少。人類因為能夠思考，所以才存在嗎？這種解釋其實是誤會了笛卡兒的意思了。

笛卡兒身處的時代，教會宣揚「神」的教導就是唯一一種對世界的正確說明。可是，近代哲學就會將所有事情從頭開始思考：世界真的是由神創造的嗎？當再一次透徹地思考疑問時便會有所發現。一旦產生懷疑，那麼所有事情都變得可疑，這就是「懷疑論」。

笛卡兒所說的「我思故我在」，就是指世界上一切皆能懷疑，包括連他自己的這種想法也能被別人懷疑。因此，笛卡兒的意思是，無孔不入的哲學思想不是用作思考「神是存在的」，而是應從「我是存在的」開始思考。由此可見，笛卡兒的哲學並不是否定中世紀的神學，而是修正對它作出正確認識的方法，因此被譽為「近代哲學之父」。

笛卡兒 René Descartes
（1596 年～ 1650 年）

出生於法國中西部的圖賴訥拉海（今名笛卡兒）。父親是法庭的高級官吏，可是笛卡兒拒絕走上同一道路。他曾多次旅行，並與不同的知識分子交流，完成了《談談方法》等多本名著。

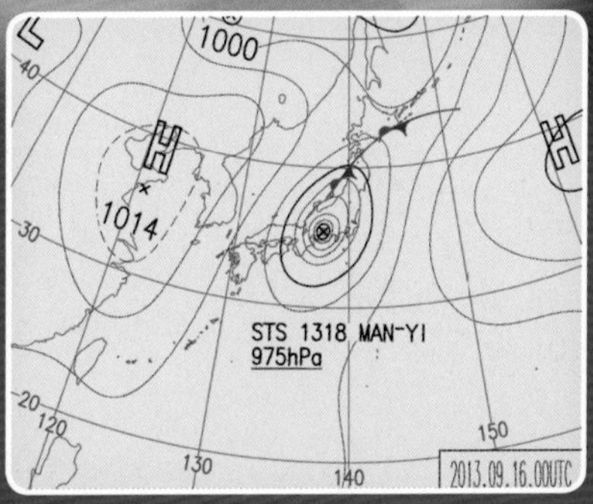

以「百帕」為氣壓單位的氣象圖

什麼是「百帕」？
我們經常在天氣預報的颱風消息中聽到「颱風中心氣壓為900hPa（百帕）」。其實「百帕」是一個氣壓單位，全稱是「百帕斯卡」。百帕的數值越小，代表氣壓越低。你能從左方的氣象圖中找出百帕的標示嗎？

帕斯卡 Blaise Pascal
（1623 年～ 1662 年）
出生於法國中部的克勒蒙費朗。父親是公務員，母親早逝，由父親一手養大。帕斯卡天分極高，十六歲時已發現幾何學上的一條定律，後人稱為「帕斯卡定理」。他的主要著作《思想錄》在他離世後才出版。

人死後的靈魂會怎樣？

帕斯卡

帕斯卡的才華不只是在哲學上，他在自然科學的領域中也取得很高的成就，例如在進行壓強的實驗中，他發現了有關流體力學的重要定律。後人為了紀念他的貢獻，便以「帕斯卡」〔簡稱「帕」（Pa）〕作為壓強單位，而一般氣象學

誰能追蹤這個令人驚訝的過程呢？

隨着人類對自然科學研究的進步，一直以來領導西方思想的基督教世界觀變回一張白紙。關於世界是為了什麼而存在的問題，又重新成了一個謎團。

《思想錄》

人死後靈魂會去哪裏？當你思考人死後的事情時，其實也會思考人在生時的事情。

什麼是蝴蝶效應？

當蝴蝶拍動翅膀時，就會影響到遙遠地區的天氣，意指極細微的動作在不斷累積之下，也會產生巨大的影響力。帕斯卡把人比喻為一根能夠思考的蘆葦也有這個意思。

中，人們則用「百帕」作為氣壓單位。

「人是一根能夠思考的蘆葦」是帕斯卡的名言。在廣闊無邊的宇宙中，人類不過像一根蘆葦般微小的存在，可是人類也同時能夠深入思考自己與宇宙的關係、思考生存的意義。

十七世紀時，基督教依然擁有強大的權力。可是，像帕斯卡這樣追求科學思考的人越來越多，他們都希望解開有關死亡的謎團：為什麼自己會生於世上？死後的世界又是怎樣？對於這些問題，基督教中天國與地獄的說法根本解答不了。

帕斯卡追求從理性的科學角度進行思考，成了獨立思考問題的近代哲學家代表。他認為應該對世界上所有事物從零開始思考，即重新思考事物的根本。

史賓諾沙

　　「自然是永遠的、無限的，是唯一的神。」就是哲學家史賓諾沙的學說。很多人聽到這句話，便以為史賓諾沙闡述的是基督教的哲學。

　　事實上，史賓諾沙是反對教會的看法，但並沒有懷疑神的存在。在西方社會，「神」的觀念根深蒂固，即使在近代哲學家中，笛卡兒、康德與黑格爾的身上也殘留了一些關於「神」的觀念。

　　史賓諾沙之所以獨特，是因為他不以信仰的角度來思考「神作為世界而存在」，而是找出了大家都接納的想法（理性的思考）來進行論證。

　　史賓諾沙在《倫理學》中，運用數學方法證明神的存在，這方法讓所有人都大吃一驚。這份無關信仰，純粹以理性的思考證明神存在的熱情，即使在現今社會也很難做到。

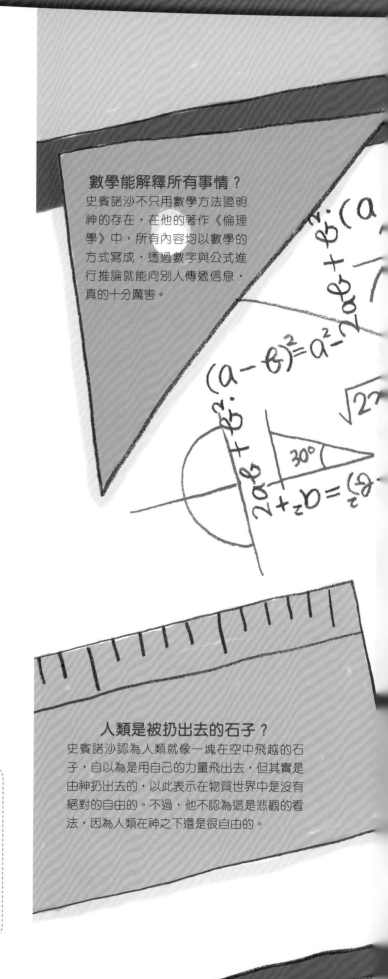

數學能解釋所有事情？
史賓諾沙不只用數學方法證明神的存在，在他的著作《倫理學》中，所有內容均以數學的方式寫成，透過數字與公式進行推論就能向別人傳遞信息，真的十分厲害。

人類是被扔出去的石子？
史賓諾沙認為人類就像一塊在空中飛越的石子，自以為是用自己的力量飛出去，但其實是由神扔出去的，以此表示在物質世界中是沒有絕對的自由。不過，他不認為這是悲觀的看法，因為人類在神之下還是很自由的。

史賓諾沙 Baruch de Spinoza
（1632 年～ 1677 年）

出生於荷蘭阿姆斯特丹的猶太人家庭，家境頗富裕。受笛卡兒學說影響，他的思考方向漸漸與當時的主流思想相違背而被逐出猶太教會。之後，他一邊以磨鏡片為生，一邊埋首研究哲學。他的重要著作是《倫理學》。

動機不可以戰勝情感，能戰勝情感的，只有另一個更強的情感。除此之外，沒有東西可抑制或除去情感。《倫理學》

憎恨與憤怒的感覺，很難單憑用理性去抑制，只有當另一個開心愉快的情感出現才能驅走之前的負面情感。史賓諾沙不只證明神的存在，也擅長這樣敏銳的觀察。

洛克

人類的自然狀態

霍布斯與洛克同樣說「社會契約論」，但霍布斯說人類的自然狀態是「四處挑起紛爭」，而洛克說「人原本是理性的、社會性的」。到底哪一方才是正確的呢？

所有人生來都是自由、平等和獨立的。所以沒有經過被統治者的同意，政府不可以強行迫使被統治者服從。《政府論》

洛克以人與生俱來擁有自由與平等為出發點來思考，因此他的學說比盧梭、康德及黑格爾都更具哲學性及進入更深層次的思考。

洛克為人所認識的重要詞彙，就是「白紙」（拉丁文：tabula rasa）。他認為人性就像白紙一樣，而當時歐洲人所共有的「常識」是，人與生俱來便有着「神」的觀念。

洛克勇敢地質疑當時的主流思想，認為嬰兒剛出生時什麼也不知道，就如一張白紙一樣，只是被塗鴉後才沾染上那個時代的文化及世界觀的顏色。

洛克還有一項重要的成就，就是寫

自由的女神

背景插畫是根據法國名畫《自由引導人民》畫成。原畫家德拉克羅瓦是十九世紀浪漫主義的代表畫家，人們認為他透過這幅畫表達自由主義及民族主義。

洛克 John Locke

（1632 年～ 1704 年）

出身於英國的中產家庭。當時英國正值內戰前夕，洛克與當權的政治家有着密切的關係。主要著作有《人類理解論》及近代共和政治的聖經《政府論》。

了《人類理解論》。一直以來的「君權神授說」指出皇帝的權利是由神賜予的，人民絕不可以違背。可是洛克在《人類理解論》中提出反論，認為神給予人類與生俱來的自由，所以人民可以在皇帝施行暴政時反抗，並建立自己的政府，稱為「天賦人權論」。洛克的想法被盧梭引用並傳揚至法國及美國，成為了近代市民革命的強大後盾。霍布斯、洛克與盧梭有關新市民社會的想法，被稱為「社會契約論」。

休謨

近代哲學首位無神論者

休謨 David Hume
（1711 年～ 1776 年）

出生於蘇格蘭愛丁堡，是著名的哲學家和歷史學家。推進洛克的經驗主義哲學，是英國經驗論的代表哲學家。

休謨是近代哲學家中第一位無神論者，在任何人也無法想像「沒有神」的時代，休謨的想法可謂十分前衞。休謨將洛克的說法推進得更激烈，認為所有經驗都是來自在「白紙」上塗鴉的結果。

以往的哲學家都相信他們對世界與自

互相影響的哲學家

休謨除了在洛克的哲學上繼續推進外，他還受到康德的強烈影響。很多哲學家都會互相引用或否定對方的想法，再創造出全新的哲學思想。本書內的哲學家，可能也在我們意想不到的地方中有所交流呢。

身的思考方法是正確的，可是根據休謨的想法，這種「正確」的觀念已是很大的錯誤。無論是如何有智慧的人類，都只經歷過世界上極小部分的人和事，所以不可能知道整個世界是怎樣的。

世界遼闊，各地都有着不同的文化，每個人的經歷也不盡相同，因此人類是從各種文化中，挑選自己習慣的思考方式來想像世界。可是，休謨認為這樣做是不可能正確地認識世界或擁有正確的世界觀。

休謨的說法嚴重地打擊了當時的知識分子。自此之後，哲學在研究方向上起了重大的變化。

一切原因都在於我們相信事物的存在，因此事物的本體是否真正存在並不重要，這樣的疑問也沒有意義。《人性論》

如果將這句話轉換成「重要的問題是人為什麼相信神，所以提問有沒有神是沒有意義的。」這便容易理解多了。

休謨性格親切又疑心重？
當時提出無神論、懷疑論，並與基督教教會對立的休謨是何其大膽。可是，很多人說平日的休謨是很隨和親切的。

盧梭 Jean-Jacques Rousseau

(1712 年～1778 年)

出生於瑞士日內瓦，十三歲時成為雕刻家的弟子，後前往巴黎。因在學院徵文比賽寫成的《論科學與藝術》而聲名大噪，之後活躍於哲學及文學領域內。

盧梭的忠實支持者

康德曾因沉迷於盧梭的《愛彌兒》而忘記了每天的散步。康德稱呼他尊敬的盧梭為「道德界的牛頓」。

童謠 Open Shut Them

盧梭不只是哲學家，更是一名作曲家。他的歌劇《Le Devin du village》中的旋律便被用於童謠Open Shut Them。

在改變社會方面，盧梭可說是很有代表性的哲學家。他的《社會契約論》為現代社會貢獻良多。

一般來說，人們會認為沒有政治權力是好的，可是霍布斯清楚指出，沒有強大的政治權力與規則，人類只會持續發生戰爭。問題是，歷史上形成強大的政治權力後，必定導致皇帝專權。

人是生而自由的，但卻無處不在枷鎖之中。《社會契約論》

盧梭將枷鎖比喻成政治支配，然後補充「我不知道變成這樣的理由，但我知道怎樣的政治能夠被人接納」，就是「大家制定規則並遵守規則」。

因此，盧梭便思考既然有強大的政治權力，難道就沒有可讓每個人都獲得自由的社會結構嗎？盧梭想出一個方法，就是組織一個獲得大家認同（即訂立契約）的政府，並決議出大家都接納及願意遵守的規則。現在我們認為這些都是理所當然的事，可是以當時的思考方法來說，這是一個很大的社會結構發現。而當時這個大發現，便成為現在民主主義社會最重要的設計藍圖。

流動時鐘
康德過着非常有規律的生活,每天在規定的時間內散步,準確度猶如時鐘一樣,所以當時的人看到康德在做什麼便知道時間了。

只有形式的實踐原理,才能給意志提供一條普遍的法則。《實踐理性批判》

這句話有點深奧,意思是「你主觀的『善』真的是客觀的『善』嗎?請考慮清楚再實行。」

什麼是「善」的本質？

康德

「我不會教哲學」

雖然康德在大學教授哲學，可是他卻說「我不會教哲學」，因為哲學只能夠被「學習」，也就是思考自己獲得的東西。

一般來說，我們都自認為能夠分辨清楚什麼是「善」，什麼是「惡」，可是在近代哲學中，這卻是一個大問題。即使基督教已告訴人們什麼是善，什麼是惡，人們也可以不去相信這些教條。

康德提出了「普遍立法」，認為道德標準應該具有普遍性，而法律就是根據這項原則訂立的。

在近代社會的法律中，也會出現沒有訂明某項事情是善還是惡的情況，這時就只有把它當作個別案件獨立判決。可是，這就容易引起爭執。

因此，康德清晰定義了什麼是「善」。他指出不單只對自己來說是「善」，還要所有人也認為是「善」，這才是「善」的真正意思。康德的想法將一直以來由宗教決定的「善」，完全轉為根據理性來決定的「善」。

康德 Immanuel Kant

（1724 年～ 1804 年）

出生於普魯士的克奈普霍夫小鎮（位於今俄羅斯境內）。康德一生沒有離開過小鎮，自小苦學，大學畢業後持續進修，四十六歲時成為哲學教授，留下了《純粹理性批判》等多部名著。

黑格爾

近代哲學的巔峯！

哥倫布立雞蛋

哥倫布發現新大陸後曾被人嘲諷，指任何人都能發現新大陸。為此，哥倫布請大家設法把雞蛋立在桌上，可是沒有人做到。這時，哥倫布便示範弄破雞蛋底部把雞蛋立起來。這個故事說明了即使多麼簡單的事情，最初完成的第一個都是困難的。

近代哲學家提出了很多不同範疇的有趣問題，而黑格爾的問題是別樹一幟的。他提出「什麼是人類的慾望本質？」

也許你覺得這樣的問題是沒有答案的，可是黑格爾的回答是，動物的慾望是食慾與性慾，但是對人類來說，這些都是次要的，人類最渴望獲得的是「自己的存在價值」。無論任何時候我們在任何地方做些什麼，背後的慾望都是希望能獲得別人的肯定。

黑格爾 Georg Wilhelm Friedrich Hegel
（1770 年～1831 年）

出生於神聖羅馬帝國的符騰堡公國（位於今德國境內），大學時對鄰國發生的法國大革命十分狂熱，並因接下來的恐怖政治受到打擊。之後成為柏林大學的哲學教授，是近代最重要的哲學家之一。

什麼是恐怖政治？
恐怖政治是指以暴力手段鎮壓反對者的政治手法。法國大革命時，超過四萬人被處刑而喪命。

結合正反雙方的精神及其力量是偉大的。我這樣如小石子般沒有力量的存在，軟弱無力，但我自覺自己是自由自在的。《法哲學原理》

在廣闊的宇宙中，人類是不可測量的微小存在，但人類有着「超越思考宇宙與自身關係的精神」的本質。

黑格爾的回答好像很簡單，但就像「哥倫布立雞蛋」的故事道理一樣，第一個給予合理答案的是最困難的。黑格爾從這樣簡單的說法開始，便能夠建立起有關人類與社會的強大哲學體系，果然是一位大哲學家。

細小的種子能孕育出巨大的樹木，並長出茂盛的枝葉，再結成大量的果實。哲學也是這樣的原理，透過簡單的原則就能結出豐富的果實，這就是哲學的根本。

叔本華

叔本華的主要哲學內容是關於「人生是苦的」。人的一生到頭來只有痛苦，想起來非常悲觀，可是也反映了那個時代大部分人的生活都十分艱苦。

如果用哲學方式表達生活艱苦，便成了「人生是苦的」。人類的慾望與動物

叔本華 Arthur Schopenhauer

（1788 年～ 1860 年）

出身於德國但澤（今波蘭格但斯克），是家境富裕的商人之子。三十一歲時出版了《作為意志和表象的世界》，但著作最初被社會無視，直至他五十歲後，這本著作才廣為人識。

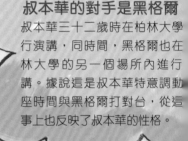

叔本華的對手是黑格爾

叔本華三十二歲時在柏林大學行演講，同時間，黑格爾也在林大學的另一個場所內進行講。據說這是叔本華特意調動座時間與黑格爾打對台，從這事上也反映了叔本華的性格。

期待有德之士、高貴之人以及聖人君子懂得道德說與倫理學，如同期待詩人、畫家與音樂家懂得美學一樣，愚蠢之極。《作為意志和表象的世界》

叔本華討厭認真關心社會的黑格爾哲學，但他不是單純的厭世，而是因看見世界越來越壞而變得憤世嫉俗。

不同，很難獲得滿足。即使滿足了一個慾望，接着又想知道「什麼是善」；即使找到「什麼是善」的答案，還會接二連三出現更多慾望。人類的慾望沒有終點，因此無論去到哪裏，我們仍然無法從苦難中解脫出來。因此，人類的苦是離不開慾望。

我們應該怎麼辦呢？也許只有宗教、哲學與藝術能讓充滿苦惱的人生帶來少許安慰。這也是叔本華開的處方。

基於這個原因，叔本華的哲學常常被稱為「厭世*哲學」。

*厭世：覺得世界上的事物都很討厭。

入讀高中還是去歐洲旅行？

叔本華在少年時已希望成為一名學者，可是遭父親反對。為了令叔本華放棄入讀高中，父親便帶他去歐洲旅行。旅程中，叔本華親眼看到因拿破崙戰爭而荒廢的市鎮與貧困的人，這經歷也影響了他的哲學基礎。

看到有人暈倒，我會大藥來。可是當人絕望時，性能救命。《致死的疾病》

開始！

從「絕望」中找出人類的本質
齊克果

齊克果 Søren Aabye Kierkegaard

（1813 年～ 1855 年）

出生於丹麥城市哥本哈根的富裕商人家庭，父親是虔誠的基督教徒。齊克果年輕時與維珍妮·奧遜相戀，但是他突然解除了婚約。這次的不幸之戀成為了他的哲學之路的能量泉源。

越接近近代社會的時代，越多年輕人關心三件事：怎樣能成為某人、戀愛的煩惱，以及對死亡的不安。齊克果也是這樣，特別是基督教的權威漸漸瓦解時，很多人都對信仰產生了疑問：死亡究竟是怎麼回事呢？這樣的不安感越來越大。

短命的齊克果及其家族

齊克果家中共有七兄弟，但除了長子與身為幼子的他以外，其餘五兄弟都在年輕時離世。也許是受到這樣的家庭環境影響，他的哲學主題是「絕望」──而他自己也只有短短四十二年的壽命。

終結

叫拿水來、拿古龍水來、拿止暈就要拿可能性來 ── 唯有可能

「絕望時需要可能性」這句話，是齊克果經過仔細的觀察後所得出的結論。齊克果認為沒有深刻體驗過絕望感覺的人，沒法子成為真正的成年人。

如叔本華所言，人類有太多「想要的東西」，即使滿足了一項，卻依然永遠沒法全部滿足，所以人生是在不斷經歷小型的「絕望」。可是，只要人類找到明天存在着的細小可能，便仍然會活下去。

雖然世界上有很多讓人忘記絕望的事情，但最後人們漸漸發現，最大的絕望──死亡，就在人生盡頭一直等待着。

既然人最後會死亡，那麼人生有什麼意義呢？雖然齊克果的哲學有一種非常灰暗的看法，但心生深刻絕望的人也能擁有敏銳的洞察力。年輕人在絕望時，可以看一看齊克果的哲學。

馬克思

資本主義

社會主義

鐮刀與錘子
你看過這個鐮刀與錘子交疊的標誌嗎？這標誌代表了
農民與勞動者的團結，是社會主義的象徵。作為社會
主義國家的前蘇聯，在國旗上也印有這個圖案。

現代的資本主義經濟結構有着明顯的好處與壞處。好處是各商家自由競爭，帶領人民走向富裕的生活；壞處是勝出競爭的人跟失敗者之間的貧富差距越來越大，而這個壞處並不容易解決。

在馬克思生活的時代，資本主義的矛盾開始浮現，很多人生活在痛苦之中，促使馬克思決心要解決這個問題。可是社會的經濟結構是非常複雜的，並不是一件容易解決的事。因此，馬克思過着貧困的

哲學家們只是用不同的方式解釋世界，而問題在於改變世界。

《關於費爾巴哈的提綱》

馬克思 Karl Marx

（1818年～1883年）

出生於普魯士（今德國）的猶太裔人，二十三歲成為哲學博士，一邊做雜誌編輯，一邊跟朋友恩格斯出版《共產黨宣言》。他是二十世紀最重要的社會主義思想——馬克思主義的創立人。

二十世紀是資本主義出現大問題的時代，而馬克思的思想改變了社會，為當時的年輕人帶來希望。

大英圖書館

大英圖書館是英國倫敦最大的國家圖書館，馬克思根據這裏的資料寫成了著名的《資本論》。大英圖書館內的資料非常多元化，也有展出Beatles的樂譜。圖書館是開放給公眾使用的，在它的網頁上也能找到很多有用的資料。

如果你有一塊蛋糕，你會怎樣分給兩個人吃？用猜拳決定由其中一人全部吃掉還是二人二半？你可以這樣理解資本主義與社會主義。

生活，一個人在英國的大英圖書館裏，花幾十年反覆地鑽研複雜的資本主義經濟結構，最後寫成了《資本論》。

《資本論》談的不是資本主義，而是指示出「社會主義」這個人人平等的社會設計藍圖。雖然現在看來這個設計藍圖在實行上也有難處，可是馬克思深入思考是什麼原因令當時的人生活困苦，以及解決的方法，正是哲學家應有的態度。

不能愛，就該離開。

尼采對人類的心理觀察非常獨到，這句話是
抑制對別人的反感或怨恨的哲學智慧。可
是，這有違基督教愛所有人的教義。

《查拉圖斯特拉如是說》

永恆輪迴與輪迴轉生的分別

永恆輪迴與佛教的輪迴轉生有什麼不同呢？輪迴轉生的目標是跳出輪迴，因此人需要於在生時修行。可是，永恆輪迴沒有跳出輪迴的觀念，還是不斷重複「完全相同」的人生。雖然尼采是虛無主義者，可是在思考人生問題上是非常肯定的。

超人的預告者——查拉圖斯特拉

在尼采的著作《查拉圖斯特拉如是說》中，超人的預告者查拉圖斯特拉的名字來自瑣羅亞斯德教的創始人瑣羅亞斯德。故事中，查拉圖斯特拉告訴主角，在神死亡之後人應該怎樣生活，以及人生的法則。

尼采提倡的「永恆輪迴」聽起來有點古怪，即是人生在億萬光年的時間裏不斷做重複的事。

如果問尼采「過了一萬次相同的人生，你現在會怎樣過生活呢？」你猜尼采會怎樣回答？

一直以來，歐洲人大多認為人類最重要的是「成為一個正確的人」。可是，尼采認為這是錯誤的，他主張「生活應該真實品嘗到生存的歡樂」才是最重要。

不過，尼采沒有說過人類可以過着不正確的生活。他曾透徹地思考「正確的事情」與「快樂地生活」的先後次序，認為「正確的事情」是為了「快樂地生活」的一種手段。可惜當時很多人都不明白這個思想，完全顛倒了尼采的想法，因而被嚇倒。

尼采的這種想法完全顛覆了一直以來基督教（神的思想）及哲學的人生觀。

尼采 Friedrich Wilhelm Nietzsche
（1844 年～ 1900 年）

出生於普魯士（今德國）的一個小鎮上，是家境富裕的牧師之子。幼年時被稱為神童，長大後在波恩大學學習古典文獻學，二十四歲時已成為瑞士巴塞爾大學的教授。尼采否定基督教，建立了歐洲的新人類哲學。

什麼是現象學？
現象學是透過對經驗的分析，發現事物的「表象」與「本質」關係的學問。胡塞爾的方法與從歷史、自然跟社會等不同範疇綜合出結論的哲學家有少許不同。

哲學的最重要問題是，人類的生存對

解構「認識之謎」

胡塞爾

胡塞爾以嶄新的思考方法解構了哲學三大謎團之一的「認識之謎」，這是非常厲害的事情。到底是怎樣的呢？現在就讓

胡塞爾認為哲學的最重要課題，不是單純解開「認識之謎」的拼圖，而是提問人類的生存意義。

我們來看看他的方法吧。

一般來說，我們會把事物「表面的」（客觀的）樣子當作是對它的「正確認識」。可是，胡塞爾卻把對「認識之謎」的思考方法從根本開始顛覆過來。這要怎樣進行呢？

太執着……

據說胡塞爾曾在年幼時不斷研磨小刀，最後因刀磨得過小而不能使用。也有傳他太執着，只會使用相同的講義，因而令學生減少了。

世界來說是有意義還是沒有意義？

《歐洲科學危機與超驗現象學》

首先，我們要完全拋開對某事物習以為是的一切知識，然後探究心中的意識內容，再經過反覆思考，這樣才能接近真理。只要用這種思考方法，就能解構「認識之謎」。

胡塞爾 Edmund Gustav Albrecht Husserl
（1859 年～ 1938 年）

出生於奧地利帝國（今捷克）普羅斯涅茲的一個猶太家庭。在萊比錫大學學習物理學及數學，曾經由數學轉到邏輯學，再轉到哲學。他是新哲學現象學的創始人。

海德格

　　海德格提出了這些疑問：為什麼世界會存在、為什麼世界不是從一開始什麼都沒有？

　　很久以前，哲學提問世界是怎樣的存在。後來，開始有人提出為什麼世界（跟我）存在。海德格正是為了解開「存在之謎」而奉獻一生的哲學家。

　　「存在之謎」是一個艱深的問題，即使是海德格也未能清楚回答，但他也在這問題上作出了重大的貢獻。

　　他發現了人類與物件的「存在」有着根本性的不同。例如，桌子的「存在」就只是單純地在那裏「存在」，然而，人類並不是單純的「存在」，而是能夠意識到「自我存在」及明白生命的有限性，然後才會對時間有所自覺，每天努力地過生活。發現了這件事情的海德格，可說是最接近時間本質的哲學家。

海德格 Martin Heidegger

（1889 年～ 1976 年）

出生於德國西南部的小村莊。進入佛萊堡大學學習神學，及後轉至哲學系。在胡塞爾身邊一邊工作，一邊學習現象學，發表了《存在與時間》，建立起自己的存在論哲學。

神秘的身分

海德格與電影界的著名演員差利‧卓別靈，以及因對德國實行獨裁統治而聞名的阿道夫‧希特拉同年出生。有傳言說海德格其實是希特拉的納粹黨成員。

此在（即人類）
在任何時候都
具有可能性。

《存在與時間》

遺下未完成的著作
海德格還未完成《存在與時間》便去世了。可是這本書卻對第二次世界大戰後法國的存在主義有很重要的影響。

對物件來說，自身是怎樣的存在並不重要，可是對人類來說，自身是怎樣的存在便關係到選擇怎樣的生活方式了。

維根斯坦

關於「語言之謎」，有一個著名的例子。一個克里特島的島民說：「所有克里特島的島民都說謊。」那麼這個島民是一個說謊的人，還是正直的人呢？如果他在說謊，那麼島民說的都是真話嗎？如果他在說真話，那麼島民說的都是謊話嗎？

哲學不使用故事，而是使用語言進行邏輯性的思考，但反而因為這個原因，

維根斯坦 Ludwig Josef Johann Wittgenstein
（1889年～1951年）

出生於奧地利維也納，家中有八兄弟姊妹。父親是猶太商人，在鋼鐵業上取得成功而成為巨富。曾在英國的曼徹斯特維多利亞大學學習，跟隨英國邏輯哲學家羅素學習，留下《邏輯哲學論》等著作。

艾雪的視覺錯覺圖
艾雪是二十世紀具代表性的荷蘭畫家，他以二維的手法表現三維，畫成多幅構造奇特的圖畫。這幅《瀑布》是他的其中一幅名作。

他在**說謊**嗎**？**

正直的人

大家都說謊。

對於不能說的，

維根斯坦認為一直以來的哲學都是在說「無法用語言說明」的東西，是沒有意義的雜談。維根斯坦嚴厲地批判了古代哲學家的做法。

出現了不同的「語言之謎」。請看看左頁的「視覺錯覺圖」，原本應該向下流動的水，不知道在什麼時候回到了原來的高處，這是將原來立體（三維）的東西畫成平面（二維）時，就能畫出這種不可思議的圖畫。這跟「語言之謎」很相似。

即使正確地使用語言，有時候也無法正確傳遞事實。維根斯坦探究過「語言之謎」，他的工作大大改變了現代哲學，而語言哲學也成為了現在的哲學主流。可是「語言之謎」仍未被解破，如果你能解開它，你也可以成為新的哲學家。

大家都說謊。

說謊的人

他在說真話嗎？

就應該沉默。

《邏輯哲學論》

語言遊戲

夫婦間經常出現類似「拿『那個』來」、「好的」的對話。以維根斯坦的話來說，這就是語言遊戲。即使第三者聽了內容也不會懂「那個」是指什麼，只有對話雙方共同擁有某種相同的文化才能進行語言互動。

哲學家的著作

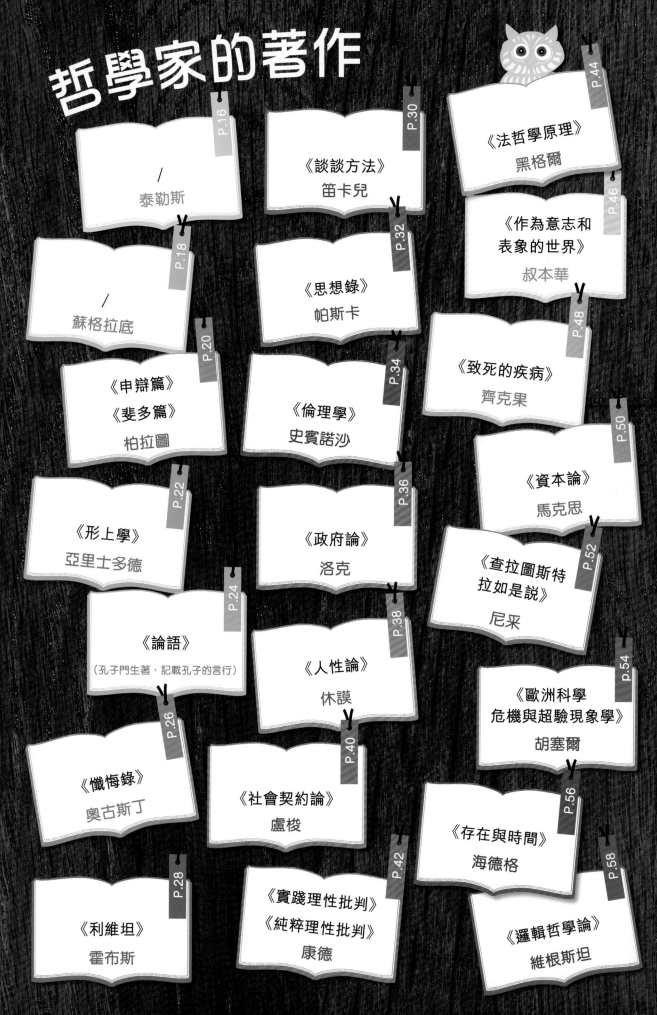

後記

　　身邊發生的事物其實只是一場夢？死後的世界究竟是怎樣？我為什麼是我，而不是其他人？會思考這些問題的都是愛好思考的人。

　　優秀的哲學家都是從小開始對事物抱有疑問的。他們由提問開始，經過漫長的旅程才確立出各種思考方法，最後為推動世界發展作出重大的貢獻。

　　如果你對現有的思考方法抱有疑問，喜歡自己重新思考，這本書很適合充當你的「哲學之旅」入口。

竹田青嗣

索引

新雅‧知識館

開啟哲學之門——孩子要認識的哲學思想
Philosophy for Kids

作　　者：竹田青嗣
繪　　圖：上垣厚子
翻　　譯：陳朗詩
責任編輯：潘曉華
美術設計：何宙樺
照片提供：UNIPHOTO PRESS（目錄背景）
出　　版：新雅文化事業有限公司
　　　　　香港英皇道499號北角工業大廈18樓
　　　　　電話：(852) 2138 7998
　　　　　傳真：(852) 2597 4003
　　　　　網址：http://www.sunya.com.hk
　　　　　電郵：marketing@sunya.com.hk
發　　行：香港聯合書刊物流有限公司
　　　　　香港新界大埔汀麗路36號中華商務印刷大廈3字樓
　　　　　電話：(852) 2150 2100
　　　　　傳真：(852) 2407 3062
　　　　　電郵：info@suplogistics.com.hk
印　　刷：中華商務彩色印刷有限公司
　　　　　香港新界大埔汀麗路36號
版　　次：二〇一六年九月初版
　　　　　10 9 8 7 6 5 4 3 2 1
版權所有‧不准翻印